油茶产业应用技术丛书

油茶施肥技术

陈隆升　杨小胡　许彦明　张　震　涂　佳　黄忠良　编著

中国林业出版社
China Forestry Publishing House

图书在版编目（CIP）数据

油茶施肥技术 / 陈隆升等编著. –– 北京：中国林
业出版社, 2020.9
（油茶产业应用技术丛书）
ISBN 978–7–5219–0801–5

Ⅰ.①油… Ⅱ.①陈… Ⅲ.①油茶—施肥 Ⅳ.
①S794.406

中国版本图书馆CIP数据核字（2020）第175157号

中国林业出版社·自然保护分社（国家公园分社）
策划编辑：刘家玲
责任编辑：刘家玲　宋博洋

出版　中国林业出版社（100009　北京市西城区德内大街刘海胡同 7 号）
　　　　http://www.forestry.gov.cn/lycb.html　电话：（010）83143519　83143625
发行　中国林业出版社
印刷　河北京平诚乾印刷有限公司
版次　2020 年 12 月第 1 版
印次　2020 年 12 月第 1 次印刷
开本　889mm×1194mm　1/32
印张　2
字数　65 千字
定价　15.00 元

《油茶产业应用技术丛书》
编写委员会

顾　问：胡长清　李志勇　邓绍宏

主　任：谭晓风

副主任：陈永忠　钟海雁

委　员：（以姓氏笔画为序）

王　森	龙　辉	田海林	向纪华	刘洪常
刘翔浩	许彦明	杨小胡	苏　臻	李　宁
李　华	李万元	李东红	李先正	李建安
李国纯	何　宏	何　新	张文新	张平灿
张若明	陈隆升	陈朝祖	欧阳鹏飞	周奇志
周国英	周新平	周慧彬	袁　军	袁浩卿
袁德义	徐学文	曾维武	彭邵锋	谢　森
谢永强	雷爱民	管天球	颜亚丹	

序言一

Foreword

　　油茶原产中国，是最重要的食用油料树种，在中国有2300年以上的栽培利用历史，主要分布于秦岭、淮河以南的南方各省（自治区、直辖市）。茶油是联合国粮农组织推荐的世界上最优质的食用植物油，长期食用茶油有利于提高人的身体素质和健康水平。

　　中国食用油自给率不足40%，食用油料资源严重短缺，而发展被列为国家大宗木本油料作物的油茶，是党中央国务院缓解我国食用油料短缺问题的重点战略决策。2009年国务院制定并颁发了中华人民共和国成立以来的第一个单一树种的产业发展规划——《全国油茶产业发展规划（2009—2020）》。利用油茶适应性强、是南方丘陵山区红壤酸土区先锋造林树种的特点，在特困地区的精准扶贫和乡村振兴中发挥了重要作用。

　　湖南位于我国油茶的核心产区，油茶栽培面积、茶油产量和产值均占全国三分之一或三分之一以上，均居全国第一位。湖南发展油茶产业具有优越的自然条件和社会经济基础，湖南省委省政府已经将油茶产业列为湖南重点发展的千亿元支柱产业之一。湖南有食用茶油的悠久传统和独具特色的饮食文化，湖南油茶已经成为国内外知名品牌。

　　为进一步提升湖南油茶产业的发展水平，湖南省油茶产业协会组织编写了《油茶产业应用技术》丛书。丛书针对油茶产业发展的实际需求，内容涉及油茶品种选择使用、采穗圃建设、良种育苗、优质丰产栽培、病虫害防控、生态经营、产品加工利用等油茶产业链条各生产环节的各种技术问题，实用性强。该套技术丛书的出版发行，不仅对湖南省油茶产业发展具有重要的指导作用，对其他油茶产区的油茶产业发展同样具有重要的参考借鉴作用。

　　该套丛书由国内著名的油茶专家进行编写，内容丰富，文字通俗易懂，图文并茂，示范操作性强，是广大油茶种植大户、基层专业技术人员的重要技术手册，也适合作为基层油茶产业技术培训的教材。

　　愿该套丛书成为广大农民致富和乡村振兴的好帮手。

张守攻

中国工程院院士

2020年4月26日

序言二

Foreword

　　习近平总书记高度重视油茶产业发展，多次提出："茶油是个好东西，我在福建时就推广过，要大力发展好油茶产业。"总书记的殷殷嘱托为油茶产业发展指明了方向，提供了遵循的原则。湖南是我国油茶主产区。近年来，湖南省委省政府将油茶产业确定为助推脱贫攻坚和实施乡村振兴的支柱产业，采取一系列扶持措施，推动油茶产业实现跨越式发展。全省现有油茶林总面积 2169.8 万亩，茶油年产量 26.3 万吨，年产值 471.6 亿元，油茶林面积、茶油年产量、产业年产值均居全国首位。

　　油茶产业的高质量发展离不开科技创新驱动。多年来，我省广大科技工作者勤勉工作，孜孜不倦，在油茶良种选育、苗木培育、丰产栽培、精深加工、机械装备等全产业链技术研究上取得了丰硕成果，培育了一批新品种，研发了一批新技术，油茶科技成果获得国家科技进步二等奖 3 项，"中国油茶科创谷"、省部共建木本油料资源利用国家重点实验室等国家级科研平台先后落户湖南，为推动全省油茶蓬勃发展提供了有力的科技支撑。

　　加强科研成果转化应用，提高林农生产经营水平，是实现油茶高产高效的关键举措。为此，省林业局委托省油茶产业协会组织专家编写了这套《油茶产业应用技术》丛书。该丛书总结了多年实践经验，吸纳了最新科技成果，从品种选育、丰产栽培、低产改造、灾害防控、加工利用等多个方面全面介绍了油茶实用技术。丛书内容丰富，针对性和实践性都很强，具有图文并茂、以图释义的阅读效果，特别适合基层林业工作者和油茶生产经营者阅读，对油茶生产经营极具参考价值。

希望广大读者深入贯彻习近平生态文明思想，牢固树立"绿水青山就是金山银山"的理念，真正学好用好这套丛书，加强油茶科研创新和技术推广，不断提升油茶经营技术水平，把论文写在大地上，把成果留在林农家，稳步将湖南油茶产业打造成为千亿级的优质产业，为维护粮油安全、助力脱贫攻坚、助推乡村振兴作出更大的贡献。

胡长清

湖南省林业局局长

2020年7月

前　言

Preface

　　湖南位于我国的油茶核心产区，是全国油茶产业第一大省，具有独特的土壤气候条件、丰富的油茶种质资源、最大的油茶栽培面积和悠久的油茶栽培利用历史。油茶产业是湖南的优势特色产业，湖南省委、省政府和湖南省林业局历来非常重视油茶产业发展，正在打造油茶千亿元产业，这是湖南油茶产业发展的一次难得的历史机遇。

　　我国油茶产业尚处于现代产业的早期发展阶段，仍具有传统农业的产业特征，需要一定时间向现代油茶产业过渡。油茶具有很多非常特殊的生物学特性和生态习性，种植油茶需要系统的技术支撑和必要的园艺化管理措施。2009年《全国油茶产业发展规划（2009—2020）》实施以来，湖南和全国南方各地掀起了大规模发展油茶产业的热潮，经过10多年的努力，油茶产业已奠定了一定的现代化产业发展基础，取得了不俗的成绩；但由于根深蒂固的"人种天养"错误意识、系统技术指导的相对缺乏和盲目扩大种植规模，也造成了一大批的"新造油茶低产林"，各地油茶大型企业和种植大户反应强烈。

　　为适应当前油茶产业健康发展的需要，引导油茶产业由传统的粗放型向现代的集约型方向发展，满足广大油茶从业人员对油茶产业应用技术的迫切要求，湖南省油茶产业协会于2019年9月召开了第二届理事会第二次会长工作会议，研究决定编写出版《油茶产业应用技术》丛书，分别由湖南省长期从事油茶科研和产业技术指导的专家承担编写品种选择、采穗圃建设、良种育苗、种植抚育、修剪、施肥、生态经营、低产林改造、病虫害防控、林下经济、产品加工、茶油健康等分册的相关任务。

本套丛书是在充分吸收国内外现有油茶栽培利用技术成果的基础上编写的，涉及油茶产业的各个生产环节和技术内容，具有很强的实用性和可操作性。丛书适用于从事油茶产业工作的技术人员、管理干部、种植大户、科研人员等阅读，也适合作为油茶技术培训的教材。丛书图文并茂，通俗易懂，高中以上学历的普通读者均可顺利阅读。

中国工程院院士张守攻先生、湖南省林业局局长胡长清先生为本套丛书撰写了序言，谨表谢忱！

本套丛书属初次编写出版，参编人员众多，时间仓促，错误和不当之处在所难免，敬请各位读者指正。

湖南省油茶产业协会

2020年7月16日

目　录
contents

第一章

油茶林地施肥的必要性

一、油茶林地为什么要施肥

（一）油茶林地土壤肥力普遍不高

我国油茶林地土壤主要有砖红壤、红壤、黄壤和黄棕壤4种土类，其中红壤是我国油茶林地分布面积最大、范围最广的土类。主要分布在长江以南广阔的低山、丘陵区，包括湖南、江西两省大部分，广西、广东、福建等省（自治区）的北部及云南、贵州、四川、浙江、安徽、河南等省南部。

红壤地区水量充沛，光照和热量资源丰富，土壤类型多样，具有较高的生产潜力和良好的投资效益。但红壤成土母质的化学风化和生物风化作用十分强烈，有机质分解迅速，腐殖质层薄，红壤质地黏重，脱硅富铝化作用非常明显，盐基及硅酸盐类大量淋失，铁、铝、锰氧化物明显聚积在土体中，而铁的氧化物常呈Fe_2O_3状态存在，使土壤呈红色。

许多研究发现，红壤区油茶林土壤肥力通常较低，尤其是第四纪红土发育的油茶林土壤，是油茶林低产低效的主要原因之一。如于良艺（2012）研究发现湘南低山丘陵的土壤肥力大多处于中下水平，按照自然的红壤肥力评价标准，有机质属于中度缺乏，全氮属于严重缺乏，碱解氮、全磷属于中度缺乏，有效磷属于轻度缺乏，全钾属于中度缺乏，速效钾属于轻度缺乏。刘俊萍等（2017）研究发现花岗岩发育的江西油茶林红壤和紫色岩发育的福建油茶林土壤的有机质、N、P、K、Ca和Mg元素含量都严重低下，处于亏缺状态。

因此，如何通过加强油茶林分的土壤管理来提高产量已成为油茶生产经营过程中亟须解决的问题。

（二）维持油茶生长挂果必须补充大量养分

油茶春梢和当年花芽生长发育的质量是实现油茶高产、稳产的关键。油茶叶芽形成花芽的潜在能力与枝条本身的发育有直接的关系。油茶花芽一般发生在当年生的春梢上，夏梢花芽很少。细弱的春梢仅梢顶有少数花芽，粗壮的春梢不仅顶端花芽密集，中下部的芽位通常也有1～2个花芽。油茶顶部所发育的花芽大而饱满，往下依次递减，主梢花芽比侧枝花芽饱满。油茶花芽分化开始于春梢停止生长后的5月中旬至6月上旬，但油茶的花芽分化正好与果实发育期重叠，油茶的生活习性是树体养分首先满足果实生长发育的需要。因结果过多，导致养分不足，花芽生长发育受到影响而脱落，每年8月，花蕾脱落严重，占落蕾总量的10%左右。油茶开花结果具有"抱籽怀胎""秋花秋实"的特点（图1-1），一年到头果实不断，对养分需求较大。油茶结果过多，营养消耗过大，花芽小且不饱满，春梢发育也受到影响，油茶第一年的春梢为第二年结实枝条，经营管理粗放，营养不足，势必造成春梢生长发育不良，第二年结果少，产量低。3～4月份是油茶抽发春梢的旺盛季节，如结实过多，消耗的养分也多，由于树体的养分优先供应幼果生长需要，这样春梢生长受到限制，不仅数量少，抽出的春梢又短又弱，特别是林龄老、水肥条件差的油茶林，更加明显。到6～7月份花芽分化时期，如果果实结得过多，又会影响花芽分化，造成花芽不多，有时虽分化一些花芽，但到茶果长油阶段，因为养分优先满足果实生长发育，花芽生长发育受到影响而早落，严重的还会影响植株生长，叶片枯黄，造成大量落叶，同样又影响到来年春梢的抽生和第三年的结实。因此，逐渐形成头年大年，第二年小年，第三年平年的3年1周期，或2年1周期的大小年现象。

图1-1 油茶"抱籽怀胎"和"秋花秋实"

广西植物研究所测定，一般油茶每生产100kg枝叶，需从土壤中吸收的主要营养元素N 0.9kg、P 0.22kg、K 0.28kg；而每生产100kg茶果，需从土壤中吸收N 1.11kg、P 0.85kg、K 3.43kg。据何方、姚小华（2013）等人推算，每生产50kg茶油，要从土壤中带走的肥料相当于硫酸铵47.2kg、过磷酸钙48.5kg、硝酸钾209.1kg。生产上长期连续栽培、掠夺式经营使得土壤养分大幅度递减，常因养分不足导致树体生长缓慢、叶片发黄甚至大量落叶、果实发育不良（图1-2），出现明显大小年等不良现象，严重制约着油茶产量与品质的提高。随着油茶经营理念的更新，油茶的经营从过去的"露水财"式粗放经营到高效经营管理，施肥是促进油茶生长、提高产量必需的手段之一。

图1-2　养分不足导致叶片发黄、大量落叶的油茶林

（三）科学施肥是提高油茶林产量和效益的有效经营措施

提高油茶产量，除了培育出油茶良种外，增强对油茶林的管理至关重要，其中合理施肥是增产的一项关键措施。由于油茶生长是受到土壤养分有效性的限制的，而合理施肥可以增加土壤的有效养分，从而促进油茶树体生长和产量的提高。油茶优良无性系对施肥反应敏感，很多试验表明，施肥能够显著提高油茶的产量。陈永忠等（2007）对6年生的油茶优良无性系幼林进行配方施肥试验得出，配方施肥能明显提高油茶单株年产果量，平均单株最大产果量比对照增产136.4%。唐光旭等（1998）通过试验得出，油茶林施肥一般产量可提高2.5倍以上，最高增产可达3.6倍。从油茶施肥的经济效益研究得出，合理的施肥有利于提高油茶的产投比。投入产出比一般达1：7.4，高的可达1：11.7。

科学施肥在促进油茶增产增收的同时，还有能够增强油茶植株抵御干旱、严寒、病虫害等各类逆境胁迫的能力，有效提高油茶造林成活率，维持油茶林分健康，提高果实品质。

图1-3　油茶高效施肥示范林

二、植物生长发育需要哪些营养物质

到目前为止，国内外公认的高等植物所必需的营养元素有16种，分别是氮、磷、钾、碳、钙、镁、硫、铁、铜、硼、锌、锰、钼、镍、氯、氢、氧。根据植物体内各种必需元素的含量，一般将其分为大量元素和微量元素两类：①大量元素一般占植株干物质重量的0.01%~45%，它们是碳、氢、氧、氮、磷、钾、钙、镁、硫等9种；②微量营养元素的含量只占植株干物质重量的0.0001%~0.01%，它们是氯、铁、锰、硼、锌、铜、钼等7种。

必需元素在植物生长发育过程中具有重要的生理功能，概括起来主要有以下几个方面：一是作为细胞结构中的物质组成成分，如细胞壁和细胞膜等结构中存在的钙离子对稳定细胞结构具有重要作用；二是作为能量转换过程中的电子传递体，如铁离子和铜离子在呼吸和光合电子传递中作为不可或缺的电子传递体；三是作为活细胞的重要渗透物质调节细胞的膨压，如钾离子、氯离子等在细胞渗透压调节中的重要作用；四是作为重要的细胞信号转导信使，如钙离子已被证明是细胞信号转导中的重要第二信使；五是许多离子是酶的辅基，参与代谢调节等。

以下简述各种必需矿质元素的生理功能。

氮　在植物生命活动中占有首要的地位，被称作生命元素，是构成蛋白质的主要成分。氮肥供应充足时，植物叶大而鲜绿，有利于光合作用的进行。植物所吸收的氮素主要是无机氮，即铵态氮和硝态氮，也可以吸收利用有机态氮，如尿素等。

磷　是细胞质和细胞核的组成成分，在糖代谢、蛋白质代谢和脂肪代谢中起着重要作用，通常以正磷酸盐（$H_2PO_4^-$）形式被植物吸收。

油料作物施磷肥非常重要，能促进花芽分化，提早开花结果，促进果实成熟和油脂积累。

钾 虽然不是植物机体的组成部分，但它对于参与活体内各种重要反应的酶起着催化剂的作用，能促进核酸和蛋白质的合成，影响糖类的合成和运输。适量增施钾肥能提高植物抗旱、抗寒能力，有效改善油茶结实大年果实性状，提高单株结实数量，实现增产增效。土壤中主要以KCl、K_2SO_4等盐类存在，在水中解离出钾离子，进入根部。

硫 是细胞质的组成成分，与氨基酸、脂肪、糖类等的合成有密切关系，以SO_4^{2-}的形式被植物吸收。

钙 是构成细胞壁的重要元素，对分生组织生长，尤其是对根尖的正常生长和功能的正常发挥有重要作用。

镁 是叶绿素的组成成分之一，缺镁时叶绿素合成受阻。

除了以上大量元素，植物生长还需要极少量的微量元素，如铁、锰、硼、锌、铜等。如适当施硼、锌等微量元素可提高油茶坐果率，减少落果，但过多则会造成毒害。

三、怎样确认植物缺肥

植物缺乏营养元素，其症状可通过叶片等外部形态表露出来，因此，可采取形态诊断，即根据植物生长发育的外观形态，如叶色、叶面积、新梢长势和果实形状等表型特征的改变来诊断其营养状况的方法。氮、磷、镁、钾和锌5种元素缺乏时，症状病症限于老叶，或由老叶起始；钙、硼、铜、锰、铁、硫6种元素缺乏时，病症限于幼叶，或由生长点、幼叶起始。

缺氮 植株矮小，叶小色淡或发红，分枝少，花少。如研究发现，油茶幼苗缺氮时，植物生长较为矮小、瘦弱，根系长但纤细，叶色淡绿，较老的叶片、叶柄呈淡黄或橙黄色斑块，叶片易脱落，风干后叶片呈褐色（覃祚玉等，2016）。但氮肥过多时营养体徒长，叶色深绿，易受病虫侵害，易倒伏，抗逆性差，成熟期推迟。

缺磷　生长缓慢，叶小，叶色暗绿，有时呈红色或紫色，如油茶幼苗缺磷时，植株生长矮小、茎小细弱，叶色暗绿，后期缺乏光泽，叶片风干后为暗绿色；磷素过量，可能加重或引起锌的缺乏。

缺钾　植物茎秆柔弱易倒伏，叶色变黄，逐渐坏死，叶缘枯焦，整片叶子形成杯状弯卷或皱缩起来。如油茶幼苗缺钾时，叶片顶端或边缘出现黄化、焦枯现象，叶顶端或边缘呈拱形弯曲。

缺钙　生长受抑制，严重时幼嫩器官（根尖、茎端）溃烂坏死。油茶苗缺钙时，新生叶严重受害，叶弯钩状，不易伸展，顶芽常常坏死，根尖坏死发褐。

缺镁　叶脉仍绿而叶脉之间变黄，有时呈红紫色，严重时形成褐斑坏死。如油茶苗缺镁时，叶色褪淡，脉间失绿，但叶脉仍呈绿色，症状先在中下部老叶上出现，并逐步向上发展。

缺硫　叶色黄绿或发红，植株矮小。如油茶苗缺硫时，植株呈现淡绿色，幼嫩叶片失绿发黄更为明显。

缺铁　植株失绿，症状首先在幼嫩叶片中出现，开始时，叶脉间失绿，呈清晰的网纹状，如症状进一步发展，叶脉也随之失绿而整个叶片黄化。华北果树的"黄叶病"就是植株缺铁所致。

缺锌　叶暗绿至青铜色，叶柄、叶脉紫红色。

缺锰　叶皱缩厚薄不均，叶脉扭曲，小簇叶背光秃。

缺硼　幼叶有坏死斑，小叶脉绿色，似网状。

缺铜　嫩叶萎蔫，无失绿，茎尖弱，无坏死斑。

四、油茶林地施肥原则

油茶施肥可根据土壤、气候、肥料种类、品种和造林密度、结果等情况，做到经济合理施肥。

①看山施肥。根据油茶林地的土壤类型、质地、结构、水分条件、土壤有机质含量、土壤熟化程度等情况，因土制宜，合理施肥。立地条件好的、生长势强的林分多施磷肥和钾肥；立地条件较差、生长势弱的树多施氮肥。

②看树施肥。按树龄、生育期、树势、结果等情况，科学施肥。大年以施磷肥和钾肥为主；小年以施氮肥为主。大树多施，小树少施。丰产树多施，不结果或结果甚少的树少施或者不施。生长势强的树少施氮肥，多施磷肥和钾肥；生长势弱的树要多施氮肥。

③看肥施肥。施肥应坚持以有机肥为主，化学肥料为辅，氮磷钾相结合。有机肥一般在冬季作基肥施用，化肥一般作追肥在春、夏、秋季使用。

④看季节施肥。根据气候特点和油茶生长发育特性合理施用。通常早春以氮肥为主配合适量钾肥，以促发春梢、保果；夏秋以磷肥为主配合适量氮肥，以壮果长油，促进花芽分化；冬季以有机肥为主配合磷、钾肥，以保果、防寒、改土和提供次年油茶生长发育的养分，利于恢复树势，缩小大小年。

⑤经济施肥。目标是以最低的肥料成本，取得最大的经济效益。目前最有效的办法是以叶片营养分析为前提，结合土壤营养分析来科学施肥。

⑥结合其他技术措施。油茶丰产是应用综合技术措施的结果，因此，施肥应与土壤管理、整形修剪、保花保果、防治病虫等技术措施结合，才能起到较理想的效果。

第二章

肥料的种类

按肥料的性质将肥料分为化学肥料（无机肥）、有机肥和微生物肥料。

一、化学肥料

化学肥料是指用化学方法制造或者开采矿石，经过加工制成的肥料，也称无机肥料，按其合营养元素的多少分为单质化肥与复合化肥两类。单质肥料是指含有一种植物必需的营养元素肥料，如氮肥、磷肥、钾肥、锌肥等。复合化肥是指含有两种以上植物必需营养元素的化肥，如磷酸铵、硝酸磷肥等。有些未经复杂的化学反应，只是机械加工处理而制成的无机肥料，如石灰、石膏、食盐作为钙、镁、硫、钠肥应用，以及含硅、钙、镁、磷等元素的钢铁炉渣肥料等。

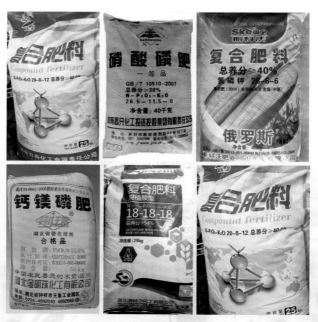

图2-1 常见商业化学肥料

（一）化学肥料的特点

化学肥料的作用是直接或间接供给植物所需的营养物质，促进生长，增加产量，改善品质。"猪多、肥多、粮多"的传统施肥方法已不能满足"高产、优质、高效"作物需肥模式。实践证明，增施化肥是农业生产上的一项重要措施。与有机肥料相比，化肥有以下特点。

①养分含量高。一般化肥的有效养分含量在15%以上。如亩施1kg碳铵（含氮17%），约相当于25～30kg人粪尿的含氮量。

②肥效迅速。化肥大多易溶于水，存在于土镶溶液中，极易被植物吸收利用，施用3～5天后表现出施肥效果。

③便于储运和施用。固体状化肥体积小而疏松，便于长途运输、保管和机械化施用。

④养分单一。其主要养分是含氮、磷、钾的化学物质。如果长期单独施用，会导致土壤酸化、板结；施用过多，还会导致环境污染及土壤次生盐渍化问题。目前，在农业生产上应配合施用有机肥料，做到用地和养地相结合，才能达到合理施肥的目的。

⑤容易潮解。化肥大多数吸湿性强，容易吸收水分溶解或结成硬块，导致养分损失或施用不便。因此，在贮运和保管过程中，应防止受潮。

⑥化肥具有化学反应和生理反应。化学反应是指肥料溶于水后的酸碱性，如过磷酸钙水溶液呈酸性，碳铵水溶液呈酸性，尿素水溶液呈中性。生理反应是指肥料经农作物选择性吸收后产生的土壤反应，生理碱性肥料如硝酸钙等，生理酸性肥料如硫酸钾等，生理中性肥料如硝酸铵等。

（二）化学肥料的种类

化肥按其所含的主要成分不同，可分为以下几种。

①氮肥是以氮素营养元素为主要成分的化肥。按其形态可分为：铵态氮肥，如碳铵、硫铵、氨水等；硝态氮，如硝酸铵、硝酸钙等；酰胺态氮肥，如尿素等。

②磷肥是以磷素营养元素为主要成分的化肥。按其溶解性可分为：水溶性磷肥，如过磷酸钙、重过磷酸钙等；弱酸溶性磷肥，如钙镁磷肥、钢渣磷肥等；难溶性磷肥，如磷矿粉等。

③钾肥是以钾素营养元素为主要成分的化肥。如硫酸钾、氯化钾、草木灰等。

④微量元素肥料如硼肥、钼肥、锌肥、铜肥、铁肥等。

⑤复合肥料包括磷酸铵，氮、磷、钾三元复合肥等。

按照《中华人民共和国国家标准GB 15063–2009复混肥料（复合肥料）》规定，复混肥（复合肥）有效养分含量中，高浓度氮磷钾总量≥40%，低浓度氮磷钾含量≥25%，不包括微量元素和中量元素；水溶性磷含量≥40%，水分子含量低于5%；粒径为1～4.75mm等。此外，复合肥中的钾有两种，一种为氯化钾，另一种为硫酸钾。标准中根据氯离子含量将产品分为四类：不含氯（≤3.0%）、含低氯（≤15.0%）、含中氯（≤30.0%）和含高氯（≥30.0%）。其中含高氯的复混肥料必须在外包装上标明产品的适用作物品种和"使用不当会对作物造成伤害"的警示语。所以选购复合肥时除了看商标和养分含量外，还需注意厂家和产地。

⑥其他肥料。如水稻上施用硅肥，豆科作物上施用钴肥，以及水果、蔬菜上施用稀土肥等。

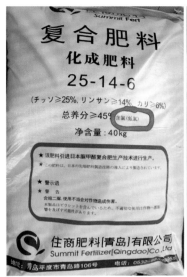

图2-2　含氯的复合肥

图2-3　硫酸钾型复合肥

二、有机肥料

有机肥是指天然有机质经微生物分解或发酵而成的一类肥料，如人粪尿、厩肥、堆肥、沤肥、沼气肥和废弃物肥料等，有以下几个特点。

①养分全面。有机肥料除含有氮、磷、钾三要素外，还含有钙、镁、硫、铁等微量元素及生长激素等物质。它还能活化土壤中的潜在养分，增强微生物的活性，促进营养元素转化。

②肥效稳而长。各种有机物质需经微生物的分解转化，才能被作物吸收利用。因此，有机原料的肥效供应平缓且持续时间长，又称迟效性肥料。

③有机肥料施用量大。有机肥料体积大，养分含量较低，施肥数量大，运输和施用耗费劳力多，应注意提高有机肥料的质量。

图2-4 有机肥料

有机肥料有以下作用。

①营养作物，肥效全面。有机物质的矿化分解是作物养分的主要来源，施用有机肥料能全面增加土壤中有效养分。此外，有机物质分解释放的二氧化碳，能促进作物的光合作用，有利提高作物产量。

②培肥土壤。有机肥料经微生物作用，有一部分形成腐殖质，它能促进土壤团粒结构的形成，提高土壤保水保肥性能，改善土壤耕性和提高土壤温度。

③提高土壤养分的有效性。有机肥料在转化过程中产生的有机酸能溶解提高磷肥的有效性。

④有机肥料能刺激作物生长发育。有机肥料在转化过程中，形成胡敏酸、富里酸、维生素、生物碱、酶等物质，可刺激作物生长，改善作物营养状况。

概括起来，有机肥料是作物养分的仓库，有巨大的保肥能力，能活化土壤中潜在养分，改良土壤性质，培肥土壤，这些是化学肥料所不具备的。因此，各地应充分利用自然条件，广辟肥源，增加有机肥料数量，并注意改进积肥、保肥措施，提高肥料质量。

目前，有机肥市场不规范，市场上的油茶专用有机肥鱼龙混杂，其原料来源也有很大的差异，部分有机肥易因抗生素超标而导致土壤污染，也容易因发酵不充分，将病菌带入油茶林导致油茶林发生病虫害。因此，在选择油茶专用有机肥时需选择原料无抗生素污染、且按照严格生产工艺条件、发酵充分的有机肥。

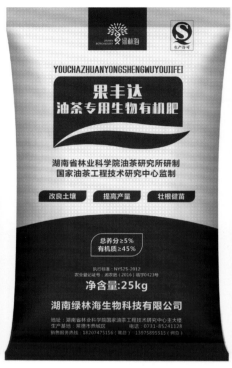

图2-5　油茶有机肥产品

三、生物肥料

生物肥料亦称微生物肥料、菌肥、接种剂等，是指含有活体微生物的特定制品，应用于农业生产中，能够获得特定的肥料效应，在这种效应的产生中，制品中活体微生物起着关键作用。

生物肥料的核心是微生物，因此，具有微生物的特性，人们习惯于称作菌肥。确切地说，生物肥料是菌而不是肥，因为它本身并不含有植物需要的营养元素，而是含有大量的微生物，通过这些微生物的活动，改善植物的营养条件，进而达到增产的目的。

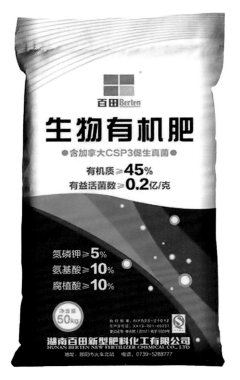

图2-6　生物肥料产品

四、油茶常用肥料的选择

　　油茶生长发育不仅需要氮、磷、钾等大量元素，而且中量、微量营养元素对于其生长发育也是必不可少的。合理的肥料比例在促进油茶树体快速生长的同时，亦能达到显著增产效果，许多研究均发现氮、磷、钾之间具有一定的配合效应，且远高于各自单因素的累加效应。因此，在生产中应根据油茶不同生长阶段的营养需求和土壤养分的供应状况，同时配合施用氮、磷、钾以及硼、锌等微量元素，以达到高效施肥的目的。

（一）根据油茶树的生物学特性选择

油茶树只有在酸性土壤条件下才能正常地生长。施肥可以引起土壤酸碱度明显变化，例如碱性肥料或生理碱性肥料施入油茶林土壤后，会引起施肥沟中的pH增高，当pH增高到超出油茶树生长的适宜pH范围时，油茶树生长就会受到影响，根系的吸收能力降低，施入油茶树中的肥料也就不能充分发挥作用，结果是肥料的增产效果降低。如果这种碱性或生理碱性肥料的施用比较集中，且用量多、长期施用，就会造成"烧根"的现象，使油茶树遭受肥害，不能正常生长发育，甚至造成油茶树死亡。因此，除某些强酸性油茶林外，一般不宜施用液氨、硝酸钠、石灰一类的肥料。如果非施不可，则一定要在施肥方法上有所讲究，比如在用量方面限制，或与有机肥混合后施用，应尽量避免造成不良后果。最好的办法是选用酸性肥料、生理酸性肥料或中性肥科，如过磷酸钙、硫酸铵、尿素、硫酸钾等。

生产一线证明油茶树对氯较为敏感，尤其是幼树。因此，幼龄油茶林一般不宜大量施用含氯量较高的氯化铵、氯化钾化肥。老油茶树对氯反应虽然较迟钝，但氯化铵等含氯肥料的肥效仍然较差，为了提高施肥的效果，一般也不用含氯较高的化肥。因此在选择复合肥时，低浓度氮磷钾含量≥25%即可，选用肥料袋上标有"S"符号的复合肥，即由硫酸钾组成的复合肥，而且最好含有适量的硼、锌等微量元素。

（二）根据油茶林土壤特性选用肥料

施肥不仅是为了给油茶树生长提供所需要的营养元素，同时也是一项培肥土壤来实现丰产稳产的技术措施。因此，油茶树施肥还应该针对不同油茶林土壤特点，选用恰当的肥料，在为油茶树提供营养物质的同时又起到提高土壤肥力的作用。考虑到油茶林土壤为酸性，但在土壤质地、结构，土壤有机质、保肥能力等均有很大差异，所以在肥料选用上各油茶林应有所不同。例如新垦的幼龄油茶林，树冠覆盖面积小，枯枝落叶也少，土壤有机质分解的速度大于积累，因此应多施用纤维素含量较高的草肥、圈肥及堆沤肥等；对土壤有机质丰富，保肥能力较强的成龄油茶林，多施用含氮丰富的饼肥等；对于土壤质地黏重、通气性差的油茶林要多施土杂肥；对于质地黏重、通气性较好的油茶林要多施用塘泥、湖泥、河泥等。此外，在阳坡、岗地上的油茶林要施用含水量高的猪圈肥，在阴坡或沟谷的油茶林则要施用含水量低的羊粪、牛粪、兔粪等热性肥；对土壤母质为基性岩和石灰岩发育的土壤，因活性钙含量和pH值都比较高，可多选用酸性肥以降低pH，而对那些极度酸化的油茶林土，要改施中性肥料或含钙质较多的肥料甚至施用少量石灰，以调节土壤酸度，防止继续酸化。所以可以说肥料既是油茶树生长的营养物质，又是油茶林土壤的改良剂。

此外，油茶树肥料的选择与当地油茶林的耕作制度、管理水平等也有关系，进行油茶树施肥时也要予以考虑。在油茶树肥料的选择中，还要避免长期单独施用某一种肥料的做法，要注意各种肥料的搭配与轮换，特别是有机肥料与无机化肥之间的配合，单体肥料与复合肥料的配合，速效肥与迟效肥的配合等（图2-5、图2-7和图2-8）。只有这样才能使油茶树从土壤和肥料中均衡、稳定、持续地吸收各种营养，健壮生长。同时也只有这样才有利于油茶林地力的修复和提高，防止因施肥不当而引起土地向不利油茶树生长的方向发展，影响油茶树健壮生长。

图2-7 油茶有机无机复混肥产品

图2-8 油茶专用复合肥产品

第三章

油茶苗木施肥

近年来，油茶轻基质容器苗占油茶总育苗量的比例日益上升，与裸根苗相比，轻基质苗木具有育苗期短、造林季节长、苗木规格和质量易于控制、起苗过程中根系不易损伤、无缓苗期、造林成活率高、便于机械化育苗等优点。因此，轻基质育苗已成为繁育优良油茶种苗的首选途径。本章主要介绍轻基质容器苗的施肥技术。

一、油茶苗木需肥特性

（一）油茶苗木生长规律

目前生产上普遍使用的油茶苗木为芽苗砧嫁接苗，一般4～5月进行嫁接，嫁接当年7～10月是苗木主要生长期，地上部分生长呈现出两个高峰期，7月上旬开始抽梢，8月下旬开始生长，9月上旬生长减缓，9月下旬至10月上旬为快速生长阶段，苗高、叶片数量快速增加，10月中旬后生长基本停止。在11～12月间气温降低，苗木地上部分生长缓滞，然而根系生长并没有明显的停滞现象。

次年，春季2～3月开始抽梢，4月中旬至5月上旬为生长快速期Ⅰ，此时为油茶的春梢生长阶段，此阶段油茶幼苗展叶后，生长迅速，其生长量占了全年苗高生长量的14.6%。5月上旬至5月下旬为生长缓慢期Ⅰ，此阶段苗高生长量较小，该阶段幼苗春梢嫩枝逐渐木质化。5月下旬至8月上旬为生长快速期Ⅱ，为油茶的夏梢生长阶段，该阶段幼苗苗高生长迅速，生长期长，约为70天，生长量也是最大的，约占了全年生长量的50%，是油茶幼苗苗高生长的重要阶段。8月上旬至9月上旬为生长缓慢期Ⅱ，此阶段苗高生长速度降低，生长量较小。9月上旬至9月下旬为生长快速期Ⅲ，为油茶秋梢生长阶段，此时苗高生长加快。9月下旬至10月中旬为生长缓慢期Ⅲ，该阶段生长逐渐降低，直到最后苗高生长停止，其生长量也为全年最低。因此，在苗木生长阶段，应该加强幼苗的水肥管理，进行合理施肥及水分补充，使油茶幼苗快速生长；同时应当进行病虫害综合防控，以减少病虫害的发生。而到了生长缓慢期Ⅲ（10月下旬之后）时，就不再需要施肥，防止苗木抽梢过快，同时促进秋梢木质化进程，以减少受冻害风险。

（二）油茶苗木养分需求规律

氮元素、磷元素、钾元素作为油茶幼苗生长发育过程中所需的主要养分，三者在土壤中的分布以及油茶幼苗根系吸收的不平衡会造成幼苗的发育不良。其中钾元素的缺乏会使油茶幼苗根系中侧根的分化和生长受到抑制；氮元素的缺乏症状则与钾元素缺乏引起的症状相反，油茶幼苗的侧根生长被促进，而主根系的生长薄弱，长出来的根系不够粗壮；磷元素则主要对于油茶幼苗根系的生命活力造成影响。只有3种元素均衡吸收，才能有效提高根系的活力，有效扩大根系表面积，促进根系生长。研究表明油茶苗期大量元素总含量表现为氮＞钾＞磷，根、茎、叶中均以氮含量最高，且磷含量远远低于氮含量，说明油茶苗期对氮的需求量大。因此，油茶苗期施肥应以氮肥为主，磷钾为辅。研究表明，油茶幼苗施氮肥后，显著促进了油茶幼苗苗高和地径的生长，尤其以硝铵（NH_4^+/NO_3^-配比为5∶5或7∶3）混合施肥对油茶幼苗生长促进作用最为明显。

二、油茶苗期施肥技术

由于轻基质育苗的容器空间有限，幼苗的根系生长受到了限制，苗木主要靠吸收容器内基质的营养来促其生长；同时，轻基质容器的

透气性好，但其保肥保水能力差。因此，容器内的营养能否持续供给苗木，使苗木在整个生长周期内都有充足的营养供给，这对容器苗的质量起到了至关重要的作用。容器苗容器空间小，基质营养十分有限，容器苗在整个生长过程中，由于浇水频繁养分淋失严重，极易导致缺肥，若施肥过多，又易引起烧苗而需后期追肥，浓度过低不能起到促进生长的作用，因此，进行科学的苗期施肥管理是培育容器壮苗的重要手段。

（一）1～2年生轻基质容器苗施肥技术

嫁接苗培育过程尤其是嫁接口愈合过程中，前期的养分来源于砧木及穗条本身，而其不能从基质中吸收到养分，当嫁接口愈合完好、根系恢复后才会从基质中吸收到养分。

追肥要坚持"勤施、薄施、液施"的原则。嫁接当年于揭膜后一周开始追肥，淋施0.2%的尿素水溶液，每10～15天一次，连续2～3次。之后改为淋施浓度为0.3%～0.5%复合肥水溶液或用水溶性复合肥与水溶性有机肥按1∶1体积比配成浓度为0.4%～0.5%的水溶液，或用稀释10～15倍并经充分腐熟的人畜粪便、沼肥等有机液肥，每15～20天一次，施用浓度应以不伤苗为宜。

施肥可与喷灌相结合。每次淋肥后应及时用清水冲洗幼苗叶面；施肥时间以阴天或晴天傍晚为宜，不宜在午间高温期间施肥。除淋施液肥外，可在傍晚叶面喷施0.2%～0.3%磷酸二氢钾水溶液，以喷施叶背为主，每月1～2次；或喷施广谱型商品叶面肥，使用浓度与次数等按说明书执行。

苗木硬化期（一般10月下旬）停止追肥，以利于苗木在入冬前充分木质化。次年于叶芽萌动抽梢时（一般为3月中旬）开始继续施肥，大约隔15天一次。出圃前1个月左右通过调控水肥供给进行炼苗，期间应停止施用氮肥，减少灌水次数与灌水量，并喷施低浓度的磷钾肥，可有效抑制油茶苗木新梢的萌发，有利于苗木新梢的木质化，从而提高苗木的出圃质量和抗逆性。

图3-1　油茶苗木施肥技术（上图为自动喷灌，下图为人工浇灌）

（二）3年生轻基质容器大苗施肥技术

油茶容器大苗不同于裸根苗，它不能通过根系的无限延伸获得水肥补充，更多的是依赖外来水肥供给，因而肥水管理工作是油茶容器大苗培育中一项重要的栽培技术措施。

可在换容器时将含有氮、磷、钾等元素的缓释性肥料放入基质中。追肥于叶芽萌动抽梢时（一般为3月中旬）开始，继续施肥至10月下旬停止，大约隔15天一次。淋施浓度为0.3%～0.5%复合肥水溶液（适当增加磷肥和钾肥的比例）。

出圃前1个月左右通过调控水肥供给进行炼苗，方法同2年生轻基质容器苗。

图3-2 油茶容器大苗水肥喷灌技术

第四章

油茶幼林期施肥

幼林期是指从定植后到进入盛果前期的阶段，采用2年生嫁接容器苗造林的普通油茶幼林一般为造林后7～8年，根据油茶经营上的经济寿命可分为幼龄期和始果期两个阶段。幼龄期是指油茶上山造林以后至始果期，一般为1～4年，以营养生长为主，构成树体。始果期为开始挂果至盛果期，一般为造林后5～8年，结果量逐年增加，营养生长和生殖生长同时进行，需要大量养分和水分。

一、油茶幼林期需肥特性

氮主要积累在果、花和叶中，磷主要积累在叶和果中，钾主要积累在果中，钙、镁主要积累在叶和根中。油茶每年通过根从土壤中吸收养分，供给树体各器官的生长发育。油茶林分每年从土壤中吸取的养分量称为吸收量，其中保存在枝、根、叶中的养分量为存留量，落花、落叶、修剪后每年归还给林地的养分量为归还量，由果被采摘而输出系统的养分为输出量。

幼龄期由于油茶处于营养生长阶段没有开花结果，故没有输出部分。据何方等（2013）测算，幼龄期油茶林（4年生林分）养分的总吸收量为11.647kg/（hm²·a），存留量为6.785kg/（hm²·a），归还量为4.867kg/（hm²·a）。各元素的吸收量、存留量和归还量均不相同，其大小为氮>钾>镁>钙>磷。

进入始果期后，每年随着油茶产品（果实）的大量采摘利用，油茶林生物循环系统的养分不断损失。据何方等（2013）测算，始果期油茶林（8年生林分，当年产果量102kg/hm²）的总吸收量为30.313kg/（hm²·a），存留量为15.654kg/（hm²·a），归还量为12.103kg/（hm²·a），输出量为2.556kg/（hm²·a）。其吸收量大小为氮>钾>钙>镁>磷，输出量大小为钾>氮>钙>镁>磷。为维持油茶林系统的养分平衡，从油茶林养分生物循环的角度，依据生物循环中养分的输出量，该始果期油茶林的临界施肥量为2.646kg/（hm²·a），其中：氮肥0.807kg/（hm²·a），磷肥0.083kg/（hm²·a），钾肥1.109kg/（hm²·a），钙肥0.509kg/（hm²·a），镁肥0.138kg/（hm²·a）。

目前油茶良种林的始果期产果量可达1500kg/hm²以上，其施肥量远高于此8年生油茶林的施肥临界量。因此，生产中应根据油茶树龄、目标产量、林地情况等综合因素来确定合理的施肥量，并将修剪后的枝条粉碎后还山利用。

此外，施肥时间也应根据养分需求规律而定。研究发现，一年中，油茶叶片和果实中的氮元素含量都随着时间推移而浓度不断下降，在果实速生期阶段，果实的磷元素含量是在不断上升的，而到油脂合成阶段，果实、叶片中的磷元素含量不断下降，随着油茶果实膨大，叶片中大量的钾元素被转移至果实中，如补充不及时必会造成叶片钾元素的匮乏（袁军，2010）。因此，必须在油茶果实生长期前补充足够的氮养分，在果实油脂合成前期（6月末）应补充大量的磷元素，在枝梢生长前期，应多施钾肥，以贮藏更多元素在树体之内，从而满足果实生长时期对钾元素的需求。

二、油茶幼林期施肥技术

（一）施基肥

在植苗前1个月，挖70cm×70cm×70cm大穴，每穴施农家肥料5～10kg或麸饼肥1～2kg、钙镁磷肥或过磷酸钙0.5kg或油茶专用有机肥3～5kg。农家肥要充分堆沤腐熟，专用有机肥的有机质含量≥45%，氮、磷、钾总量≥5%。

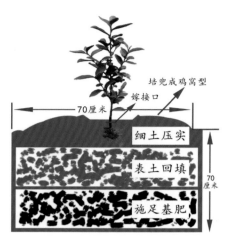

图4-1 油茶新造林施基肥示意图

　　基肥应施在穴的底部，与底土拌匀，然后回填表土覆盖，土堆高出地面15cm左右，呈馒头状，待沉降后栽植。

（二）幼林期施肥

　　在造林前施足基肥的前提下，造林当年可以不施肥，采用容器杯苗造林可在春季4～5月结合除草抚育施肥一次，每株施尿素0.05～0.10kg。第二年起，每年施肥两次，春季3月初施中低浓度复合肥0.1～0.5kg/株。冬季11～12月施农家肥2～5kg/株或专用有机肥1～3kg/株。随着树龄的增加，施肥量可逐年适当增加，并适当增加磷钾肥比例（表4-1）。

表4-1　不同林龄油茶幼林施肥量

肥料种类	2年	3年	4～5年	6～8年
复合肥（N、P、K总量≥30%）（kg/株）	0.1～0.2	0.2～0.3	0.3～0.4	0.4～0.6
有机肥（有机质含量≥45%）（kg/株）	1.0～1.5	1.5～2.0	2.0～2.5	2.5～3.0

采用环形、放射状、条状沟等施肥方法，施肥沟距离树干基部20～30cm，沟宽深10～15cm，肥料与土拌匀后及时覆土。为了减少劳动力成本，可在树干东、西两侧挖2条长度50～80cm的条状沟，翌年改为南、北两侧，交替轮换。

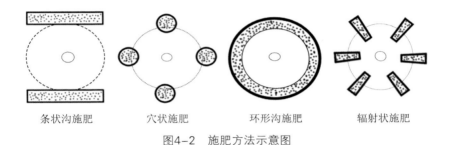

条状沟施肥　　　穴状施肥　　　环形沟施肥　　　辐射状施肥

图4-2　施肥方法示意图

图4-3　油茶幼林施肥操作技术
（左上图：距离树蔸基部30cm挖施肥沟；右上图：将肥料均匀放入沟内；
左下图：将肥料与底土拌匀；右下图：覆土）

（三）油茶幼林土壤改良技术

由于南方红壤区油茶林土壤主要为红壤，土壤黏重板结，养分含量较低，通气透水性不佳，并且区域内年降水分布不均，上半年多，易涝易冲，夏秋（7~9月）干旱少雨，尤其是红壤区内水土流失严重。油茶造林后一般需要7~8年左右的时间才进入盛果期，而在这段时间里林地空间相对充足，杂草多，抚育管理难度大，为了减少油茶幼林的前期投入，生产上大量使用除草剂，导致生态系统和土壤结构遭到严重破坏，水土流失和病虫害频发，严重影响了油茶林的经济和生态效益。因此，油茶幼林地应尽量避免使用除草剂，通过增施有机肥、种植绿肥、穴抚等综合技术措施着重提高土壤有机质含量，改善土壤结构，提高林地植被覆盖度，减少土壤养分流失。

图4-4　不同抚育方式的油茶幼林（左图为除草剂除草；右图为穴抚除草）

1. 科学抚育，改良土壤结构，减少养分流失

油茶幼林除草抚育时不提倡使用除草剂，可采用锄抚、刀抚、机械抚育除草的方式。将油茶树冠周边杂草和林地内的杂灌、藤本植物清除，在不影响油茶树生长的前提下，尽可能保留一些草本植物，以提高林地生物多样性，避免过度抚育造成的水土流失。提倡将杂草覆盖在幼树周围或深埋于林地中以提高土壤有机质含量。

图4-5　油茶幼林穴抚除草（保留行间草本植物）

图4-6 油茶幼林除草培蔸覆盖

2. 生草养园技术

草本植物因生长快、根系发达，具有良好的水土保持效果，地上部分可以有效减少地表径流，地下部分根系能很好地吸水固土，如百喜草（*Paspalum notatum*）、金鸡菊（*Coreopsis drummondii*）等草本植物具有耐干旱、贫瘠，一次播种多年受益等优点，其枝叶经过腐解后

具有很好的土壤改良效应，可以提高土壤有机质，广泛应用于公路、景区绿化、护坡。因此，在油茶幼林地采取"以草抑草、以草养园"的省力化栽培措施，可以有效减少水土流失、改良土壤结构、提高油茶林地的生产力和生态景观效益。

图4-7　油茶幼林以草养园技术
（左图为种植金鸡菊，右图为种植百喜草）

下面具体介绍油茶幼林种植百喜草养园技术。

①种植时间

最佳种植时间为3月上旬至4月上旬。

②种植方式

根据林地坡度与整地方式采取了不同的种植方式，种植沟需距离油茶幼树树蔸50cm以上。未成梯的油茶林，在油茶林行间沿着水平等高线挖深5cm、宽30cm的沟；成梯的油茶林，沿着梯面内外侧等高线挖深5cm、宽20cm的沟。将百喜草种子与有机肥、细土按体积比

百喜草种子

发芽后的百喜草

百喜草快速生长的油茶幼林

种子与细土、有机肥拌匀

种子均匀撒入沟中后覆细土

1：2：1拌匀，均匀播撒沟中（播种量约为6kg/hm²），盖上2cm厚细土。

③林地管理

油茶幼树按本章的"二、油茶幼林期施肥技术"要求进行施肥管理。同时草种出苗后15～30天可追施75kg/hm²的尿素或复合肥以壮苗，林地内草层自然高度达30cm时应刈割，留茬高度5cm，结合浅锄将割下的草覆于树蔸周围，覆草厚度10cm左右或结合培蔸将割下的草与表土混合覆于树蔸周围，高度为15～20cm，培成馒头状。

图4-8 油茶幼林"百喜草养园"技术

刈割百喜草后的油茶幼林

第五章

油茶成林期施肥

一、油茶成林期需肥特性

油茶成林期是指进入盛果期的阶段，一般为造林后8～9年，油茶盛果期一般可持续30～50年，生长重心已由营养生长向生殖生长转变，树枝生物量高于树干，枝繁叶茂。研究发现，油茶成林地上部分的树枝和地下部分的主根为油茶成熟林生物量积累的主要部位。地上部分生物量明显高于地下部分，花和果的生物量干重百分比为全部生物量的18.38%，生殖器官的生物量占全部生物量的20%。

表5-1 油茶成熟林不同器官生物量分配情况

项目	树干	树枝	树叶	花	果	主根	侧根
平均鲜重（kg）	8.04	7.75	3.35	0.35	5.14	8.97	1.58
平均干重（kg）	2.30	4.10	1.81	0.18	2.62	3.65	0.57
生物量鲜重百分比（%）	22.85	22.03	9.52	0.99	14.61	25.50	4.49
生物量干重百分比（%）	15.10	26.92	11.88	1.18	17.20	23.97	3.74

（宋贤冲等，2014）

盛果期植株对光照、水肥的需求大。据何方等（2013）测算，油茶盛果期（30年生林分，当年产果量1798kg/hm^2）大量元素的总吸收量为134.173kg/（hm^2·a），其中氮元素的吸收量最大，其值为57.532kg/（hm^2·a），其吸收量大小为氮>钾>钙>镁>磷。同时，每年随着油茶果实的大量采摘利用，油茶林生物循环系统的养分不断损失，大量元素总输出量达44.247kg/（hm^2·a），各元素输出量的大小顺序为钾>氮>钙>镁>磷，其中钾元素的输出量高达17.458kg/（hm^2·a）。因此，为维持油茶林系统的养分平衡、延长油茶的盛果期，从油茶林养分生物循环的角度，该盛果期油茶林的施肥临界量应该为养分生物循环总输出量44.247kg/（$hm^2 \cdot a$），其中：氮肥14.941kg/（$hm^2 \cdot a$），磷肥1.672kg/（$hm^2 \cdot a$），钾肥17.458kg/（$hm^2 \cdot a$），钙肥7.857kg/（$hm^2 \cdot a$），镁肥2.319kg/（$hm^2 \cdot a$）。

目前油茶良种林的盛果期产果量可达7500kg/hm^2以上，其施肥量远高于此30年生油茶林的施肥临界量。因此，应根据目标产量、林地情况等综合因素来确定合理的施肥量，除了大量元素之外，还应合理补充锌、锰、硼等微量元素。

油茶林进入盛果期后，修剪是必要的技术措施，生产上通常将修剪的枝干等有机剩余物焚烧或作为农村烧火用的薪柴，不但污染环境，而且大幅度增加林地养分输出量，加速地力衰退。因此，应尽可能将有机剩余物粉碎后还林还山，并进行肥料化循环利用，以减少化肥使用量。

二、油茶成林期施肥技术

（一）根际施肥

大年以磷钾肥、有机肥为主，小年以氮磷肥为主。一般冬季（11月至翌年1月）施有机肥，早春以速效肥为主，夏季以磷钾复合肥为主。大年增施有机肥和磷钾肥，小年增施磷氮肥。

冬季11月至翌年1月施有机肥（有机质含量≥45%）2~3kg/株。春季3月份施复合肥（氮、磷、钾总量≥30%，富含钙、镁、锌、硼等微量元素）0.5~1.0kg/株。对于成林中挂果量较大的、营养亏缺的树体，于每年6月份追施磷钾复合肥0.3~0.5kg/株为保果肥，长时间高温干旱时不宜施肥。

在东、西两侧树冠投影线外沿挖2条长度80~100cm、宽深20cm的

平行或环形沟，翌年改为南、北两侧，交替轮换，将肥料与土拌匀后及时覆土（图5-1）。坡地要在油茶树的上方树冠外沿挖半环形施肥沟（图5-2），如有雨水浸入，肥料可随水流方向向下渗透，以使树根均匀受肥。

图5-1　油茶成林施肥操作技术

（左上图：沿树冠外围投影挖施肥沟；右上图：将肥料均匀放入沟内；
左下图：将肥料与底土拌匀；右下图：覆土）

图5-2　坡地油茶林施肥操作技术

（二）叶面追肥

在油茶树中，开花的数目远远大于成熟果实的数目。这是由于从花芽分化到果实成熟的过程中每一时期，即花蕾期、开花期、幼果期和成熟期，都可能受到内、外部各项因素的影响，以致产生落蕾、落花和落果等现象。近几年来，研究观察数据表明，油茶落蕾一般为5%～10%，落花28%～45%，落果达22%～40%，严重的地区高达80%以上，甚至有的全株失收。落蕾、落花、落果的原因是十分复杂的，它不仅与品种、授粉、树龄、气候、土壤及栽培技术、抚育管理有着密切关系，而且也与病虫危害有关系。油茶有两次严重的落果期，一次是3月下旬至5上旬的生理落果，另一次就是6～7月份的病虫害引起落果。

在油茶花期喷施植物生长调节剂、营养元素等可有效提高油茶坐果率，谭晓风等（2010）研究发现，花期喷施5mg/L IAA+10mg/L GA$_3$+10mg/L Vc组合的植物生长调节剂后，可促进油茶花粉萌发，从而大幅度提高油茶坐果率；高超等（2012）研究发现，花期喷施0.05g/L CO（NH$_2$）$_2$+0.15g/L KH$_2$PO$_4$+0.15g/L H$_3$BO$_3$+0.10g/L MgCl$_2$，坐果率大幅度提高。

因此，除了常规根际施肥外，油茶树保花保果具体可采取以下追施叶面肥措施。

①春保梢。可通过短剪修剪、施肥等措施培养旺盛树势，促发健壮春梢。

②夏保果。落果的原因在于养分供应不足，如在落花落果前合理使用植物生长调节剂，能有效减少落果。在春夏之间喷施2%的过磷酸钙，或10mg/L的赤霉素，或20～50mg/L的萘乙酸，能减少3%～14%的

生理落果。

③秋保叶。叶片通过光合作用制造碳水化合物，供应树体所需养分。要防止油茶叶片的不正常脱落，须采取综合技术措施，使树体养分充足，水分平衡，叶色浓绿，生机旺盛。

④冬保花。可在油茶花期即每年11～12月份，喷施植物生长调节剂、微量元素硼、锌、植物激素"920"、磷酸二氢钾、油茶保果素等叶面肥或生长调节剂，提倡采用无人机施肥（图5-3）。

图5-3　无人机喷施叶面肥

参考文献

曹永庆，姚小华，严江勤. 2016. 矿质营养对水培油茶苗生长发育的影响［J］. 浙江农业学报，28（5）：810-814

陈永忠. 2019. 油茶源库理论与应用［M］. 北京：中国林业出版社.

陈永忠，彭邵锋，王湘南，等. 2007. 油茶高产栽培系列技术研究——配方施肥试验［J］. 林业科学研究，20（5）：650-655.

陈冬. 2015. 湘中板页岩红壤油茶林土壤生物学特征及其肥力质量评价研究［D］. 长沙：中南林业科技大学.

高超，袁德义，袁军，等. 2012. 花期喷施营养元素及生长调节物质对油茶坐果率的影响［J］. 江西农业大学学报，34（3）：0505-0510.

何方，姚小华. 2013. 中国油茶栽培［M］. 北京：中国林业出版社.

刘俊萍，喻苏琴，孟凡虎，等. 2017. 不同母岩油茶林土壤养分限制因子研究［J］. 土壤通报，48（6）：1409-1414.

刘洁，李茗，吴立潮. 2017. 南方红壤区油茶林土壤肥力质量指标及评价［J］. 西北林学院学报，32（4）：73-80.

覃祚玉，刘莉，唐健，等. 2016. 缺素对岑溪软枝油茶的营养及生理特性的影响［J］. 林业调查规划，41（6）：99-106.

宋贤冲，唐健，覃其云，等. 2014. 油茶成熟林生物量积累及营养分配规律［J］. 南方农业学报，45（2）：255-258.

谭晓风，袁德义，袁军，等. 2010. 维生素C及植物生长调节物质对油茶花粉萌发率的影响［J］. 浙江林学院学报，27（6）：941-944.

唐光旭，张永生，唐丽湘，等. 1998. 油茶栽培肥力配比的试验研究［J］. 经济林研究，16（4）：20-22.

武维华. 2018. 植物生理学（第三版）［M］. 北京：科学出版社.

袁军. 2010. 普通油茶营养诊断及施肥研究［D］. 长沙：中南林业科技大学.

于良艺. 2012. 湘南低山红壤油茶林土壤肥力质量及其评价［D］. 长沙：湖南农业大学.